The
SHADOW WORK
JOURNAL

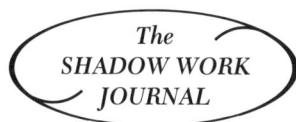

阴 影 工 作 日 志

[美] 凯拉·沙欣（Keila Shaheen）著

语妍 译

中信出版集团 | 北京

图书在版编目（CIP）数据

阴影工作日志 /（美）凯拉·沙欣著；语妍译 . --
北京：中信出版社，2024.4
书名原文：The Shadow Work Journal 2nd Edition:
a Guide to Integrate and Transcend Your Shadows
ISBN 978-7-5217-6434-5

I. ①阴… II. ①凯… ②语… III. ①心理学－通俗
读物 IV. ① B84-49

中国国家版本馆 CIP 数据核字（2024）第 054543 号

阴影工作日志
著者： ［美］凯拉·沙欣
译者： 语妍
出版发行：中信出版集团股份有限公司
　　　　（北京市朝阳区东三环路 27 号嘉铭中心　邮编　100020）
承印者： 河北鹏润印刷有限公司

开本：660mm×970mm 1/16　　印张：14　　　字数：136 千字
版次：2024 年 4 月第 1 版　　　印次：2024 年 4 月第 1 次印刷
京权图字：01-2024-1294　　　书号：ISBN 978-7-5217-6434-5
　　　　　　　　　　　　　　 定价：59.00 元

版权所有·侵权必究
如有印刷、装订问题，本公司负责调换。
服务热线：400-600-8099
投稿邮箱：author@citicpub.com

我，_____，决定从今天开始关注个人成长，接纳自我。我会怀着开放的心态和积极的意愿来填写这本日志。每个人的自我都有光明的部分，也有隐藏起来的黑暗的部分，我愿意包容、接纳每个部分的自我。希望通过自我反思和自我疗愈，揭开阴影，拥抱光明。

签　　名　　_____

开 始 日 期　　_____

完 成 日 期　　_____

目　录

1 阴影工作说明

阴影工作练习 2

3 阴影工作日志提示

找到根源 4

1 阴影工作说明

什么是阴影工作？ · · · · · · · · · 004

阴影工作为什么重要？ · · · · · · · 006

阴影工作之父：卡尔·荣格 · · · · · 007

什么是心理？ · · · · · · · · · · 008

如何做阴影工作？ · · · · · · · · 011

自我关怀 · · · · · · · · · · · 013

阴影工作前后的"着陆" · · · · · · 015

如何发现你的阴影自我？ · · · · · · 017

整合你的阴影自我 · · · · · · · · 019

情绪←触发因素 · · · · · · · · · 022

2 阴影工作练习

你的创伤属于哪种类型？ · · · · · · 030

填空练习 · · · · · · · · · · · 032

释放负能量 · · · · · · · · · · 050

肯定你的内在小孩 · · · · · · · · 052

感恩清单 · · · · · · · · · · · 054

给过去的自己写一封信 · · · · · · 056

镜中凝视 · · · · · · · · · · · 058

填写方框 · · · · · · · · · · · 060

可视化冥想练习（1）：接触阴影 · · · 062

可视化冥想练习（2）：整合阴影 · · · 064

呼吸练习（1）：缓解你的焦虑 · · · · 066

呼吸练习（2）：调节你的神经系统 · · · 068

情绪释放疗法 · · · · · · · · · · 070

3 阴影工作日志提示

探索你的内在小孩 · · · · · · · · 074

探索你的恐惧 · · · · · · · · 082

探索你的自我 · · · · · · · · 092

探索你的愤怒 · · · · · · · · 112

探索你的悲伤 · · · · · · · · 122

探索你的内在青少年 · · · · · · · 132

探索你的焦虑 · · · · · · · · 156

探索你的嫉妒 · · · · · · · · 160

探索你的力量 · · · · · · · · · 170

4 找到根源

找到你的阴影的根源（示例） · · · · · 194

找到你的阴影的根源（练习） · · · · · 195

→

现在开始

阴影工作之旅

什么是心理？

阴影工作之父

1

阴影工作说明

自我关怀

情绪个触发因素

"你必须学会面对自己的阴影，
　否则你会继续在别人身上看到阴影，
　因为你看到的外部世界
　是你内心世界的投射。"

——卡尔·荣格

什么是阴影工作?

　　阴影工作就是揭示未知。阴影是你自身不愿意承认的部分,被压抑在你的潜意识中。当你进行人际交往、社交互动时,或感到焦虑、悲伤时,就可能会被触发,体验到阴影的存在。

　　我们的潜意识里包含了经历痛苦事件时被压抑的情绪,如果不加以处理,就会导致冲动行为和错误的应对模式,形成"黑暗面"。简单地说,阴影是你为了成长和适应社会模式而遗忘、抛弃和压抑的那部分自我。回想一下你的童年,回忆一下你想表达自我却被否定的时候,你是如何反应的。你可能在哭,而别人告诉你不要哭。你也可能在教室里情不自禁地放声大笑,而老师和同学因此向你投来厌恶的目光。

你可能会因为某些被视作"坏"的特质而受到谴责，也会因为"好"的特质而受到赞扬，根据这些经验，你学会了调整自己的行为。但你被压抑的部分永远不会消失，它们只是被封存在你的潜意识里。阴影工作就是揭示、接纳和整合你曾经被压抑、被否定的部分。这本书中提供的技巧将帮助你探察潜意识中压抑的情绪，消除它们对你的健康的负面影响。

阴影工作的目的是让你觉察到你的潜意识，通过自我反思和接纳来管理潜意识。虽然每个人都可以做阴影工作，但我还是建议你寻求专业的心理医生的帮助，如果你遭受过严重的创伤和虐待，就更要向医生求助。

在开始阴影工作之前，先明确你的目标，那就是觉察和探索自己的反应。在你表现出强烈的情绪、感到不满的时候，阴影会格外明显。一定要把这些感受记录下来，这样才能真正了解你的反应模式是如何形成的。你可以使用日志中的工具，看看究竟是什么导致你产生了这些反应。在《找到根源》那一章，你可以深入探索阴影形成的根源。

阴影工作为什么重要？

阴影工作对我们有很多益处。你的痛苦和触发因素可以帮助你了解你最在意的是什么，让你更接近你的人生目标。与此同时，你还会发现有害的生活模式，从而做出彻底的改变。

阴影工作的另一个益处是让你拥有更多的勇气和信心来面对未知，展现你的完整自我。

你会更加爱自己，更加接纳和理解自己，这将有助于改善你与他人的关系。阴影工作练习能让你摆脱自负的想法，增强对他人的同理心，更共情他人。同理心还能帮助你培养其他积极情感，比如感恩，这对你的精神健康与心理健康都大有益处。

如果不能面对和处理你的阴影部分，你有可能会对他人怀有偏见，很容易和别人发生争论或冲突。一个有同理心的人，首先是能意识到阴影自我的人。

阴影工作之父：

卡尔·荣格

阴影的概念最早是由瑞士心理学家和精神分析学家卡尔·荣格提出来的。荣格认为，探索阴影对个人成长和发展个性化至关重要，是一个人展现真实自我的过程。阴影指的是我们潜意识的部分，它包含了我们被压抑的思想、感觉和冲动。这些阴影是我们的一部分，但我们却拒绝承认并极力隐藏，如果不加以处理，被压抑的部分会对我们的情绪和行为产生负面影响。

什么是心理？

　　心理是人类在情感世界里流动的过程和结果。人在活动的时候，通过各种感官来认识外部世界的事物，通过大脑的活动思考事物的因果关系，其间伴随着喜、怒、哀、乐等情感体验。这一切都折射着一系列心理现象的整个过程，即心理过程。根据性质，它可以分为三个方面，即认知过程、情感过程和意志过程。心理是我们的体验、动机和行为的来源，在我们的一生中会不断进化和变化，了解心理是了解我们自己和周遭世界的关键。

> 荣格所说的心理是指个体的完整人格，
> 由各自不同又相互关联的几个部分组成，
> 包括意识、个人潜意识和集体潜意识。

　　意识是指人们在日常生活中所感知到和意识到的事物，包括我们当前的情感体验、思维和感官的体验、常识和道德理念、有意识的意向和行为等。个人潜意识是我们意识之下的心理领域，包括自我没有意识到的压抑着的想法、欲望和情感。集体潜意识为人类普遍拥有，在个体一生中从未被意识到，经由遗传获得，由全部本能及其相关的原型组成。了解心理的一个重要

图 1　荣格的意识模型

好处是增强自我意识。当我们深入了解自己的想法、感受和情绪时，就可以做出更有意识的选择，改善与他人的关系，减少焦虑等情绪困扰。

荣格认为，探索心理对于个人成长和发展个性化至关重要，是一个人展现真实自我的过程。他认为，通过探索潜意识，我们可以更深入地了解我们的动机、反应和行为并做出改变，过上更真实的生活。荣格的理论在心理学领域有很大的影响力，并被其他精神分析理论家（包括西格蒙德·弗洛伊德和梅兰妮·克莱因）进一步发展。目前我们对心理的研究属于跨学科的领域，涉及心理学、神经科学、哲学和灵性。

> "两种人格的相遇就像两种化学物质的接触，如果有任何反应，两者都会发生变化。"
>
> ——卡尔·荣格

① 阿尼姆斯是女性心理中男性的一面，阿尼玛是男性心理中女性的一面。——编者注

思维谬误

锚定效应

你对第一件事的判断会影响你接下来对所有事的判断。

证真偏差

人们总是寻找与自己持有的观点相一致的信息，任何与其观点相冲突的信息都会被忽略掉，而与其观点一致的信息则会被高估。

抗拒逆反

别人试图让你做某事，而你偏要反着做。

沉没成本谬误

你会非理性地执着于那些已经让你付出代价的东西。

邓宁－克鲁格效应

越是无知，就越是自信。知道得越多，就会越不自信。

逆火效应

当你的观念遭到反驳时，除非对方能完全说服你，否则只会让你更坚信自己所认为的。

衰落主义

我们总是倾向于美化过去，而对未来持悲观态度，认为未来会比想象中的更糟。

框架效应

你会受到信息的表达方式和描述方式的影响，从而做出不一样的决策。

负面偏见

你更容易受到负面信息的影响，而忽视或遗忘正面信息。

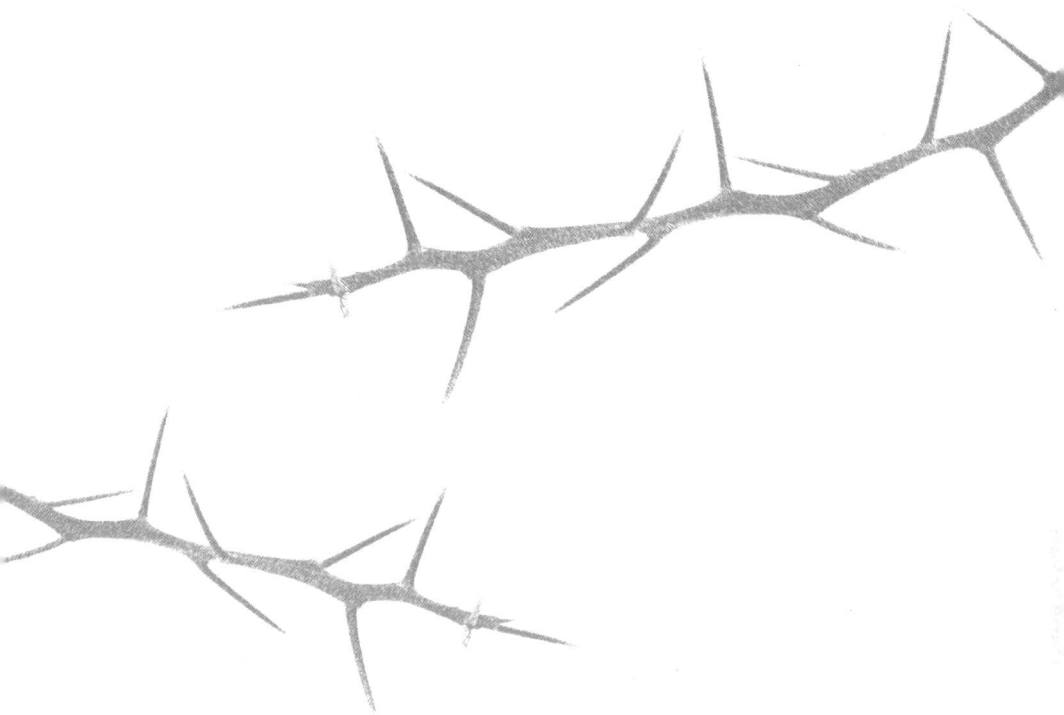

如何做阴影工作?

阴影工作就是在一个安全可控的环境中探索自己的潜意识,比如写日志、冥想、心理治疗,或者在灵性导师、向导的引导下挖掘真实的自我(你可以把《阴影工作日志》当作你的向导),把潜意识变成意识,与其和平相处。每个人都由多个层面组成,阴影工作就是探索潜意识层面。我们如果不能接纳自己的全部,就无法成为真实而完整的自己。通过整合阴影,我们将学会自我接纳、自我宽恕以及无条件地爱自己。

为了清除阴影，你必须留意自己的消极时刻，探寻它们从何而来。当你发现自己变得烦躁、焦虑、愤怒或悲伤时，请参照这本日志中《找到根源》那一章的内容进行练习。面对阴影时，你可以采取一些积极的微小行动来改善你的身心健康状态，比如多喝点水——比你需要的量再多一些；好好打扮一下；洗个热水澡；把脸洗干净；吃点清淡健康的食品；做呼吸练习；听听你喜欢的音乐。这些行动非常重要。不舒服的感觉会过去，你将重新找回自我。

"理解自身的黑暗面，是应对他人黑暗面的最好方法。"

——卡尔·荣格

阴影是我们意识不到也无法接受的部分。我们需要承认并意识到曾经否认和拒绝的各个方面，尽管这很难，也令人痛苦，但这个工作非常重要。承认我们的阴影是形成自我意识并获得疗愈的关键。在使用这本《阴影工作日志》的时候，记得要给予自己无条件的爱。

自我关怀

　　阴影工作的一个关键是自我关怀。当我们开始探索阴影时，直面自己此前一直抗拒或压抑的部分可能是一种挑战。因此，一定要以一种不加评判的态度对待阴影工作，并像对待朋友一样善待和关怀自己，这样你就能为你的自我探索和成长创造一个安全的、支持性的环境。自我关怀包括承认和接纳自己的局限、失败和痛苦，而不是进行严厉的自我批评。

我们的文化推崇完美主义和个人成就，当我们无法做到完美、没能取得成就时，就会觉得自己能力不足，开始自我批评。

自我关怀是构建有意义的生活的基础，因为只有怀着善意看待自己、理解自己，我们才能真正看见他人、接纳他人。

阴影工作前后的"着陆"

阴影工作的另一个重要方面是着陆。阴影工作可能会让你紧张，给你带来情感上的挑战，你一定要采取措施，比如冥想、深呼吸或者做其他能帮助你集中精神、"锚定"当下的练习，确保你在进行这个工作之前和完成这个工作之后处于安全和稳定的精神状态。着陆技术能够帮助我们把注意力从内在思考转移到外部世界，让大脑、身体和现实世界形成连接，从而回到当下，与负面情绪保持一定距离，稳定身体，回归平静，减少压力和焦虑。

着陆技术也有助于集中注意力，加强专注力。

在使用《阴影工作日志》之前和之后，都要进行着陆练习，这一点很重要。

下面是一些能让你轻松着陆的方法：

承认

认识到人性的共同点：每个人都会经历挫折、失败和痛苦。你并不孤单，记住，你的体验是人类共有的正常体验。

自我照顾

多参与那些能给你带来快乐、让你感到放松和幸福的活动，包括运动、发展兴趣爱好、与爱人共度美好时光以及享受充足的睡眠。

自我肯定

积极的自我肯定可以帮助你减轻压力，增加幸福感。

感官刺激

通过一些活动——比如在大自然中散步，闻一闻精油，或者吃一顿营养丰富的大餐——来调动我们的感官，帮助我们回到当下。

深呼吸

慢慢地做深呼吸可以帮助大脑冷静下来，身心放松。

如何发现你的阴影自我？

要发现你的阴影自我，首先要注意你的触发因素，识别你的行为模式和生活经历，并了解你的投射。

注意你的触发因素

通常情况下，那些强烈的情绪反应有可能就是触发因素，会让你的阴影自我浮现出来。这是一种自我保护的反应机制，会让我们在感觉受到威胁或伤害时自动做出反应。当你被触发时，你会觉得你是在无意识地做出反应，而不是有意识地行动。这些触发因素是有价值的线索，能帮助你发现你潜在的未解决的问题或"阴影"。

要找出你的触发因素，需要后退一步，客观地看待导致你表现出强烈反应的情况。它们是否有一个共同的主题或元素？可能是一个词、

一个动作、一种人或者是一个地方反复引起你情绪的剧烈变化。

识别模式

模式就是你经常重复的行为，也许对你没有任何好处，但又很难摆脱，经常在你与人相处时，在你做出选择、反应时或在你的习惯中表现出来。这些模式说明你的阴影自我一直在试图让你察觉到它的存在。识别这些模式需要自我反思。认真思考一下你的经历、人际关系和过往行为中的共同点。你是否反复受困于类似的关系或情况，并且总得到同样的结果？你是否经常以

同样的方式做出反应，即使你希望自己不要这样？这些反复出现的模式恰好表明了阴影工作可以发挥作用之处。

了解投射

投射指我们在潜意识中将自己的某些方面投射到他人身上，包括我们欣赏的和厌恶的品质。当我们对别人的行为和品质产生强烈的情绪反应时，这通常意味着我们在他人身上投射了我们否认的自己身上的某些特质，也就是我们的黑暗面。

要了解你的投射，你可以注意一下别人身上有哪些让你非常厌恶的地方，或者与之相反，注意一下别人身上有哪些让你格外欣赏的地方，然后问问自己，这些特质是否属于你否认自己的部分或者你理想化的自己。

注意你的梦境

梦充满了象征意义，是可以探索潜意识活动的宝藏。醒来后试着回忆并记录你的梦，分析梦境象征的情感和主题，可以让你了解你的阴影、恐惧、欲望和你未表达的部分。

探索童年和过去的经历

回想一下你的童年、家庭动态和生活中的重要事件，找出那些未解决的问题、创伤和未被满足的需求——有可能是它们造成了你的阴影。带着同理心和好奇心去探索这些经历会让你得到疗愈，完成整合。

整合你的阴影自我

情绪释放疗法（Emotional Freedom Techniques，简称 EFT）是一种有效的治疗手段，结合了认知疗法和指压疗法的元素，是整合你的阴影自我和促进深层情感疗愈的有效方法。这种疗法通过以特定的顺序敲击身体上与情绪相关的穴位，让人将注意力集中在未解决的情绪和问题上，缓慢释放潜意识中的伤痛记忆和堵塞的能量，促进自我接纳和阴影的整合。在这本日志中，我们将探索如何使用情绪释放疗法来整合阴影自我，促进整体治疗。

首先确定你希望整合的阴影部分，回顾一下当你想到这些阴影时产生的情绪、想法或回忆。然后了解情绪释放疗法中涉及的穴位。这些穴位包括眉头、眼尾、眼下、人中、下巴、锁骨、腋下、手刀点。用两到三个手指轻轻敲击每个情绪穴位，同时反复念出可以描述你当前的心理困扰和情绪的简短句子。

请给你的内在小孩（inner child）读一段自我宣言。专门针对你已经识别出的阴影拟定自我宣言。自我宣言应该是积极的，能描述你现在的状态，能够反映你的自我接纳、疗愈和整合情况。

持续保持觉察是整合阴影和促进个人成长的有效方法。通过随时捕捉你的触发因素和消极想法，你可以积极地识别、理解和整合你的阴影。这种做法有助于培养自我意识，使你能够有意识地做出反应，打开改变和疗愈的大门。

情绪←触发因素

羞耻感

羞耻感是一种强烈的情绪。当你觉得自己的本质有问题时，就会产生这种情绪。这是一种非常痛苦又孤独的体验，源于你的不配得感——你对自己缺乏信心，自惭形秽。羞耻感会给我们带来沉重的负担，让我们觉得自己很渺小，不值得被爱、被接纳。社会期望、过去的创伤或者内化的信念，都会引发我们的羞耻感。克服羞耻感需要对自己有同理心，能够自我接纳，认识到我们作为一个人的内在价值。

内疚感

当我们认为自己做错了什么或者违反了自己的道德准则时，就会产生内疚感。这是一种自我谴责，把责任都归于自己，还夹杂着一丝悔恨。不过，内疚感也有积极的一面——它揭示了你的价值观，帮助你改正错误，吸取教训。它提醒我们承担责任，并鼓励我们修正或改变自己的行为。

愤怒

愤怒是一种强烈而复杂的情绪，是我们对感知到的威胁、不公或挫折做出的反应。愤怒从轻微到强烈，程度各有不同，可以表现为身体反应，也可以表现为情绪反应。有愤怒情绪很正常，这说明我们需要改变，或者需要设定界限。但不受控制的过度的愤怒会导致破坏性的行为，对我们自己和他人都造成伤害。

悲伤

悲伤是由难以挽回的丧失、令人失望的事件或未实现的愿望引发的非常痛苦的情绪反应，可能源自某些经历，比如失去所爱之人、结束一段关系或者没有达到期望。悲伤是人类必不可少的正常的情感体验。

尴尬

当你在社交场合感到难为情、不自在或丢脸时，当你觉得自己违反了社会规范时，就会产生这样的情绪。持续的尴尬会带来羞耻感，让你很想躲起来。

后悔

当你为过去的行为或决定感到难过时，就会有后悔的感觉。事实上，大多数人会对他们没有做过的事感到后悔，而不会对他们已经做了的事感到后悔。

恐惧

恐惧是人们在面对危险情境或感受到威胁时自然产生的一种强烈的情绪反应，会触发一系列的身体反应和精神反应，以保证人们的安全。恐惧可以作为一种防御机制，但非理性的恐惧会影响我们的体验，阻碍我们的成长。要克服恐惧，我们需要了解它的根源，积极理性地看待它，并在他人的陪伴和支持之下，以安全的方式将自己置于（对自己而言）越来越恐怖的环境中，不断提高适应能力。

> 自我发现之旅的目标在于探索我们的阴影隐藏得有多深，以及我们的潜能有多大。

整合阴影的过程类似于炼金的过程，

是一种内在的转化——

我们将创伤转化为智慧，

将恐惧转化为勇气，

将自身的局限转化为无限的潜力。

阴 影
工 作 日 志

"我们总是会不知不觉地将阴影投射到某人或某事上，直到我们能够觉察阴影，正视阴影，拥抱阴影。"

——罗伯特·约翰逊

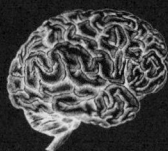

潜意识

习惯 + 模式

情绪

防御

控制身体的机能

信念

欲望

指责、否认、撒谎

对事物、想法和感受的执着

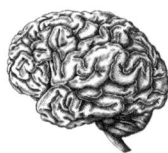

意 识

逻辑

筛选

分析

活动

做出决策

短期记忆

意志力

批判性思维

镜中凝视

填写方框

肯定你的内在小孩

可视化冥想练习

感恩清单

2

阴影工作练习

你的创伤属于哪种类型？

情绪释放疗法

呼吸练习

训练你的大脑识别阴影需要投入时间和精力，建议每周留出 5 ～ 10 分钟进行阴影工作练习，有意识地反思你的人际关系、情绪反应和内心想法。

重要的是记住，这些练习可能会引起不适或不安，而这都是正常的，也是过程中必要的一部分。请把这一章当作日志，记录你的发现和想法，并追踪你的阴影的变化和成长。

希望你能以最适合自己的节奏和顺序来完成阴影工作练习。

你的创伤属于哪种类型?

练习

根据下一页列出的特征,识别你的内在小孩受到的创伤属于哪种类型。创伤一般分为四种:被抛弃型、内疚型、信任型和被忽视型。你可能符合其中一种或者几种。

练习的目的

当我们受到伤害或者产生精神创伤时,可能会感到非常痛苦,尤其是在我们童年的时候。这个练习的目的是帮助你识别童年时的情感创伤,这些创伤可能直到今天仍然在影响着你,它们通常会导致消极的行为模式和思维模式,对你极为有害。通过认识和了解你内心的童年创伤,你会更加注重自我关怀,为成功完成阴影工作奠定基础。

☐ **被抛弃型创伤**

- 感觉"被忽视，被遗忘"
- 很害怕被抛弃
- 讨厌独处
- （与施虐者）形成依赖共生关系
- 总是威胁说要离开对方
- 总是吸引情绪失控的人

☐ **内疚型创伤**

- 总是感觉"对不起别人"或"自己很糟糕"
- 不敢向别人提出要求
- 利用内疚感对他人进行操控
- 害怕设定界限
- 总是吸引让自己感到内疚的人

☐ **信任型创伤**

- 害怕被伤害
- 不相信自己
- 想方设法证明他人不可信
- 缺乏信心，需要来自外界的大量认可
- 没有安全感
- 总是吸引没有安全感的人

☐ **被忽视型创伤**

- 很难放下一件事
- 自我价值感低
- 易动怒
- 很难说"不"
- 压抑情绪
- 害怕表现出脆弱
- 总是吸引不欣赏自己或者忽视自己的人

填空练习

练习

先通读接下来的每一段填空内容，然后填写，想到什么就马上写下来，不要犹豫。如果你想不出要填什么，可以看看你周围，找到一个物体，想想和这个物体相关的词，然后再试一次。

练习的目的

阴影工作中的这一系列填空练习非常有用，能够让你深入到你的潜意识中，探索你隐藏的部分。通过选择词汇和进行词汇联想，你可以对自己的情绪、信念和行为有更深的了解。这个练习将帮助你照亮你的阴影，提升你的自我意识以及你对自己内心的洞察力。

从下一页开始进入

填空练习

填空练习（1）

我总觉得我是一个_____的人。

我逃避的方式是_____。

_____和_____让我感到厌烦，

_____和_____让我感到兴奋。

我想试着去_____，

这样我最终就能_____。

由于某些原因，我做_____

总是以失败告终。

我值得_____和_____。

反思问题

为什么我有时会陷入一种稀缺心态[①]？

我应该运用哪些自我提升技巧，把我的消极想法转化为能让自己或他人更有力量的信念？

我应该采取什么样的思维方式来摆脱狭隘观念，专注于那些让我感到兴奋的事情？

---

① 稀缺心态是一种常见的心理现象，即当我们意识到某种资源或机会有限时，我们会感到紧张和渴望。当我们的大脑被稀缺俘获的时候，我们会出现两种情况：专注于眼前的迫切需要；缺乏前瞻性，忽视其他重要而有价值的因素。——编者注

填空练习（2）

当我还是孩子的时候，我总是被告知不能_____，

这让我非常_____。

我觉得如果_____，事情就会有所不同。

我希望对我的"儿童自我"① 说：_____。

我非常感谢_____，

但如果我的照顾者能_____就好了。

_____

① 儿童自我（child-self）状态是个体首先形成的自我状态，是一个人因为经受挫折以及缺乏能力而形成的个性部分，是一个人以自己过去（特别是幼时）的方式思考、感觉并表现的部分，是代表一个人小时候的部分，是一个人整个生命的开始。——编者注

反思问题

通过做这个练习，我回忆起了什么？

我该如何重新构建这些记忆，以免它们将来继续伤害我、妨碍我？

我该如何带着同理心安慰自己，就像我对我的"儿童自我"做的那样？

填空练习（3）

_____最令我恐惧。

当我感到恐惧或焦虑时，我会_____。

有时我会陷在这种情绪里，因为_____，
这让我感觉_____
_____。我的焦虑教会我
_____和_____。

我认识到我_____，
但我会无条件地爱自己。

反思问题

我现在恐惧什么？如果它真的发生了，我能想到的最好的情况是什么？

如果我把恐惧和焦虑当作老师，它们能教会我什么？

我如何才能以更积极的心态面对未知的未来呢？

填空练习（4）

_____令我紧张。

我通常会在_____的时候有这种紧张的感觉。

这让我非常_____。当我紧张的时候，

我会_____。

我想这是因为_____和_____。

下次我再感到紧张时，我会通过_____

来安抚自己。

反思问题

我什么时候感到极度焦虑？这些焦虑是否都有一个反复出现的主题？这应该就是我的焦虑的触发因素。

我可以通过哪些肢体活动释放焦虑、缓解紧张？

什么样的想法有助于缓解焦虑？当焦虑情绪出现时，我该如何改进自我对话，减少自我批评？

填空练习（5）

小时候，我会因为＿＿＿＿＿＿＿＿＿＿＿＿受到责骂。

我的反应是＿＿＿＿＿＿＿＿和＿＿＿＿＿＿＿＿。

从那以后，我一直都＿＿＿＿＿＿＿＿＿＿＿＿＿。

我非常在意＿＿＿＿＿＿＿和＿＿＿＿＿＿＿＿。

当＿＿＿＿＿＿＿＿＿＿＿＿＿＿＿＿＿＿＿
的时候，就会触发我。

我现在会用同理心看待完整的自我，并接纳我的每一
部分。

反思问题

在我童年时和长大以后，我曾经受到过怎样的训斥？

这对我现在选择做 / 不做某件事有什么影响？因为这些经历，我会在哪些方面抑制自己？

我应该参加一些什么样的活动来激励我的内在小孩，让他 / 她充分地表达感受？

填空练习（6）

随着年龄的增长，我觉得我越来越不（没有）_____

_____，

对此我感觉_____。

有时我会通过_____

来隐藏自我。我知道我每天都在不断变化和成长。我

鼓励我的儿童自我的方式是_____

和_____。我会永远接纳我的

_____这部分，表明我对自己的爱

和认可。

反思问题

回顾过去的自己，有哪些特质是我希望今天仍然能够
继续保持的？

为了适应社会规范，我在什么时候 / 什么情况下会隐
藏自己的一部分个性？

如果在这些情况下我选择保留完整的自我，那会发生
什么？

填空练习（7）

童年时，当＿＿＿＿＿＿＿＿＿＿的时候，我会哭泣。

这件事会让我情绪激动，因为＿＿＿＿＿＿＿＿＿。

如果悲伤有颜色，我觉得这种悲伤是＿＿＿＿色的，

让我感觉非常＿＿＿＿＿＿＿＿＿＿＿＿。

我很看重＿＿＿＿＿＿＿＿＿＿＿＿＿＿＿。

在这种情况下，如果我能对我的儿童自我说点什么，我

会说＿＿＿＿＿＿＿＿＿＿＿＿＿＿＿。

反思问题

成年后我会因为什么而悲伤？这与我儿时的悲伤体验
有关吗？

当我感到悲伤时，我该如何表达？这种反应是否符合
我的理想自我？

当我感到痛苦和悲伤时，我该如何缓解？
我通常会做些什么来提振情绪？

填空练习（8）

小时候，我希望自己长大后成为一个_____。

_____和_____

让我感到兴奋！

而现在，让我感到兴奋的事情/东西变成了_____

_____和_____。我的激情和兴

趣随着时间的推移在不断变化，但我会始终关注那些

给我的儿童自我带来快乐的东西，比如_____

_____或者_____。

反思问题

以前生活中最令我兴奋的是什么？现在的我要如何继续培养这种激情？

是什么让我与众不同？

作为一个成年人，我有什么梦想，对自己有什么设想？

释放负能量

练习

选择下一页中的一项活动，释放困住你的负能量。注意你在行动前后的不同感觉。

练习的目的

在物质世界和超自然世界中，万事万物都是能量。当你感觉"不太对劲"时，这意味着你的身体里有负能量，因此你会感到烦躁，失去平衡。很多时候，负能量会以身体疼痛或紧张的形式表现出来。可以做一些简单的活动，比如跳舞、散步和冥想，这些都有助于你释放体内的负能量，恢复平衡。

接触大地

伸展

画画或涂鸦

放一首
你喜欢的曲子
然后跳舞

写一首诗

艺术创作

做一次
感恩冥想

晒太阳
10 分钟

出去散步

淋浴
想象负能量被水流
冲走

肯定你的内在小孩

练习

找一面镜子，参照下一页的句子，大声地反复对自己说出这些肯定内在小孩的话。多次重复这些肯定的话，注意你从什么时候开始能自然地脱口而出这些话。让这些肯定的话语内化为你的信念。

练习的目的

你可以每天或每周用这些积极的话来肯定自己。通过这样做，你可以让大脑聚焦在积极的情绪和信念上，摆脱消极的自我叙事和不健康的习惯，减轻痛苦。只要重复的次数足够多，就能在潜意识中形成对自我的肯定，将旧的限制性的思维模式转换为新的信念，充分发挥你的潜力。这个练习通过改变你的思维方式来改变你的行为方式，最终让你成为你想成为的人。

我摆脱了内疚、受伤和羞耻的
感觉

没有人能对我造成无法承受的
伤害

我是受到保护的

我比自己想象的要强大得多

我接纳自己，接纳我所有的个性

我的需求和感受是合理的

我是被爱着的

我值得拥有幸福

我有能力实现每一个梦想，也配
得上每一个愿望

对我来说，设定严格的界限很
容易

我的梦想很远大

我觉得很平静，很安心

我很安全

我能控制自己的情绪

我很美，我接纳我本来的样子

我爱我自己

我尊重我的内在小孩

我能保护自己

我能共情自己

我的能量是无限的

感恩清单

练习

花5分钟时间，列一个感恩清单。想想所有能给你带来健康、安宁和爱的事物。列出生活中大大小小的事情，从购买家用电器到维护与他人的关系。感谢那些过去曾给你带来痛苦但让你变得有韧性并疗愈你的事。列完清单后，花点时间对每件事说声"谢谢"，感谢它们的存在，感谢它们成就了今天的你。

练习的目的

神经科学家里克·汉森博士认为，大脑的形态取决于我们当下的精神状态。如果我们一直处于怀疑、悲伤和烦躁中，那么就会更容易在生活中感到愤怒、焦虑和抑郁。而如果我们以快乐、满足和爱为基调，则会更容易在生活中体验到更多的富足与安宁。感恩是改善生活的好方法。感激你现在所拥有的，你的内心才能更加丰盈。

我的感恩清单

♥ _____

♥ _____

♥ _____

♥ _____

♥ _____

♥ _____

♥ _____

♥ _____

给过去的自己写一封信

练习

找个时间，放下手头的事情，认真地回顾一下过去。回想你过去遇到的某个困难，然后给当时处于困境中的自己写一封信。要带着同理心和爱写这封信，给那时的自己提出一些建议。信中要从头到尾讲一遍你当时的经历，这样你就能看到自己的情绪是如何发展变化的。

练习的目的

给过去的自己写封信是一种疗愈，能帮助你卸下重负，思维更加清晰，获得内心的平静。你的内心一直有个内在小孩，等待着被倾听和被抚慰。将来你再读这封信，会产生很多共鸣。

写给过去的我：

_____

_____

_____

_____

_____

_____

_____

_____

镜中凝视

练习

找一面镜子,坐在它面前,靠近镜子,凝视镜中自己的眼睛。花5~10分钟直视自己的眼睛,尽量不要移开视线。如果你感觉舒适,可以和镜中的你谈谈,也就是和你的阴影自我进行一次对话。完成后,告诉自己:我是安全的,是被爱着的。

练习的目的

镜中凝视能帮你面对自己最深的恐惧和不安全感。在照镜子的过程中,你可能会看到自己讨厌的一面,可能会产生扰乱心绪的想法、怀疑和恐惧。你甚至会看到自己身体的某些部分发生了变化(比如更加衰老了)。如果发生这种情况,不要惊慌或排斥,要用同理心和爱心安抚自己。这个练习会让你在心理上变得强大,更加勇敢地对抗不安全感。

镜中凝视练习

找一面镜子，坐在镜子前面。花 5～10 分钟凝视自己，尽量不要移开视线。和镜中的你（你的阴影自我）说说话。然后，回答以下问题。

我有哪些想法反复出现？ _____

_____

我产生了什么情绪？ _____

_____

我现在感觉怎么样？ _____

_____

我都对自己说了什么？我发现自己有什么突破？

填写方框

练习

阅读右页方框中的提示，并在下方如实作答。

练习的目的

你的经历塑造了你。这些具有反思性的问题将引导你理解你是谁以及为什么会这样。这将帮助你识别影响你人生观的积极或消极的模式和习惯。

请把答案填写在方框中

如果我把自己的需求放在首位，
我会有罪恶感吗？

我自己感觉幸福有多重要？

我用哪些方式来爱自己？

我还需要在哪些方面努力？

接触阴影

练习

扫描右页中的二维码，根据音频内容进行练习。确保你在一个没有干扰的环境中。冥想时可以戴耳机，也可以不戴。首先找一个舒适的姿势，做几个深呼吸，然后开始做接触阴影的可视化冥想。

练习的目的

可视化冥想是一种有效策略，可以用来连接你的内在自我。当你与你的阴影自我融合时，它可以帮助你深入了解你一直隐藏或试图忽视的那部分自我。

扫描左侧二维码，

收听「接触阴影」引导音频

整合阴影

练习

扫描右页中的二维码，根据音频内容进行练习。确保你在一个没有干扰的环境中。冥想时可以戴耳机，也可以不戴。首先找一个舒适的姿势，做几个深呼吸，然后开始做整合阴影的可视化冥想。

练习的目的

可视化冥想是一种有效策略，可以用来连接你的内在自我。当你与你的阴影自我融合时，它可以帮助你深入了解你一直隐藏或试图忽视的那部分自我。

扫描左侧二维码，收听『整合阴影』引导音频

缓解你的焦虑

练习

找一个舒适的位置坐下，闭上眼睛，深呼吸。扫描右页中的二维码，跟着音频的引导开始呼吸练习，慢慢缓解你的焦虑。

练习的目的

呼吸练习是一种有效策略，可以帮助我们的神经系统平静下来，让我们的身体进入更放松的状态。呼吸练习包括有意识地控制呼吸和使用特定的呼吸技巧。专注于特定的呼吸模式，可以帮助我们减少身体的压力反应，减少交感神经系统的活动，增加副交感神经系统的活动。这有助于降低我们的压力水平，让我们更加放松，并改善我们的整体健康。

扫描左侧二维码，收听『缓解你的焦虑』引导音频

调节你的神经系统

练习

找一个舒适的位置坐下，闭上眼睛，深呼吸。扫描右页中的二维码，跟着音频的引导开始呼吸练习，慢慢调节你的神经系统。

练习的目的

呼吸练习是一种有效策略，可以帮助我们的神经系统平静下来，让我们的身体进入更放松的状态。呼吸练习包括有意识地控制呼吸和使用特定的呼吸技巧。专注于特定的呼吸模式，可以帮助我们减少身体的压力反应，减少交感神经系统的活动，增加副交感神经系统的活动。这有助于降低我们的压力水平，让我们更加放松，并改善我们的整体健康。

扫描左侧二维码，

收听『调节你的神经系统』

引导音频

情绪释放疗法

练习

情绪释放疗法（EFT）的五个步骤：

① 识别问题

② 评估痛苦的程度

③ 拟定自我宣言

④ 敲击穴位

⑤ 再次评估痛苦的程度

小贴士：主题要具体、明确，聚焦在消极方面。在你担心、不安、焦虑、生气、烦恼……的时候，都可以尝试。在拟定自我宣言时，你可以说"我深爱自己并完全接纳自己""我会尽可能地原谅自己""我想去一个宁静、祥和的地方"。

练习的目的

EFT可以帮助我们处理负面情绪，并深入了解情绪产生的根本原因。我们也可以通过这个练习做阴影工作。轻敲穴位，让自己觉察到与这些部位相关的情绪，然后就可以开始接纳、整合和疗愈它们。EFT可以帮助我们清晰地了解自己为何会压抑这些情绪。

① 做几次深呼吸，然后开始敲击与 EFT 相关的身体穴位：眉头，眼尾，眼下，人中，下巴，锁骨，腋下，手刀点。

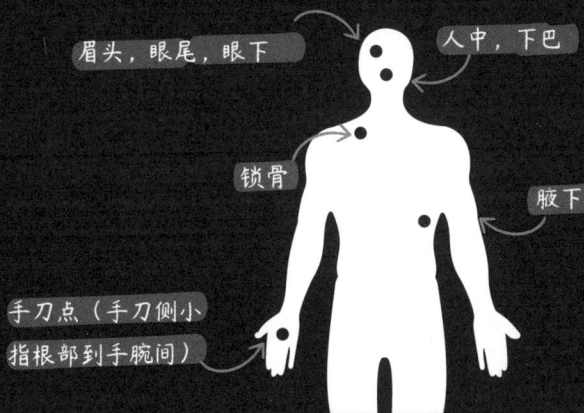

眉头，眼尾，眼下　　人中，下巴

锁骨

腋下

手刀点（手刀侧小
指根部到手腕间）

② 敲击穴位时，反复念出与你的问题相关的自我宣言。例如，如果你想解决对失败的恐惧，你可以说："尽管我害怕失败，但我仍然接纳自己并爱自己。"

③ 敲击过程中，专注于现在的主题，允许自己去感受任何出现的情绪。再花 2 ~ 3 分钟敲击，重复你的宣言。

④ 如果你觉得你已经释放了与这个主题相关的情绪和能量，你可以再做几次深呼吸，然后回顾你在这个过程中学到的东西、获得的见解。你将如何运用这些见解，以积极的、有建设性的方式向前迈进？

悲伤

正能量源泉

焦虑

内在青少年

3

阴影工作日志提示

自我

愤怒

恐惧

内在小孩

写日志是一个有效策略，可以揭示你的情绪和信念。把你的体验写下来，可以帮助你变得更有自我意识、直觉更强、更能活在当下。每天只需要花 10 分钟写日志，就能改变你的行为和思维方式。

根据下面这些阴影工作日志的提示，深入你的潜意识，了解你的阴影自我。这些提示会越来越深奥和黑暗，请不要因此而退缩。

父母的影响

你注意到自己身上有哪些特质是你的父母
或照顾者的投射？你从他们那里继承了哪
些优点和缺点？你怎样才能切断原生家庭
的负面行为的传承？

年　　　　月　　　　日

个性特征

你最不喜欢自己的哪些个性特征？
你该如何对自己的这些特征表现出同理心
和爱心？

年　　　月　　　日

童年

你童年时缺失了什么东西吗？
这对你有什么影响？如果你得到了，你觉
得现在的自己或生活会有什么不同？

年　　　月　　　日

童年创伤

童年时有哪些负面经历对你产生了影响？
它们为什么会给你造成创伤？

年　　　月　　　日

探索你的内在小孩

如果没有恐惧

想象自己无所畏惧。你不怀疑，不担心，不对未知的一切感到恐惧。你以前担心的事情都不存在了。如果没有恐惧，你会做什么？请写在这里。

年　　　　月　　　　日

探索你的恐惧

把自己排在最后

你在什么事情上会把自己排在最后？想想你最近一次以如此不健康的方式对待自己是在什么时候。你为什么不能先考虑自己的幸福和需求呢？

年　　　月　　　日

探索你的恐惧

识别你的恐惧

你恐惧的是什么？你害怕的是什么？不要写"我害怕……"，而要写"当……的时候，我感到恐惧"，这能帮助你专注于你恐惧的事情本身，而不再认为自己胆小怕事，也不再习惯性地感到恐惧。

年　　　月　　　日

噩梦

你做过的最可怕的噩梦是什么？为什么你
觉得它是最可怕的？

_____

_____

_____

年　　　月　　　日

探索你的恐惧

面对你的恐惧

你在生活中最害怕发生什么事？如果它真的发生了，你会怎么做？你会有什么样的感受？

年　　　月　　　日

自我形象

你认为别人是怎么看你的？你希望别人怎么看你，为什么？你认为最真实的自己是什么样的？

年　　月　　日

精简

想想你所拥有的一切，包括物质的和非物质的。其中有些东西会极大地影响你的生活质量。哪些东西你需要精简？

年　　　　月　　　　日

探索你的自我

真实自我

你的真实自我隐藏在你精心设计的一层层
面具后面。

你有哪些方面是想让更多人知道的？

为什么他们现在还不知道？

年　　　月　　　日

探索你的自我

秘密

你最大的秘密是什么？你为什么要保守这
个秘密？如果别人知道了这个秘密，你觉
得会怎么样？

年　　　月　　　日

探索你的自我

回避

你人生中极力回避的是什么？

它们会让你产生哪些你不想要的情绪？

年　　　月　　　日

探索你的自我

个人变化

在过去的十年里，你有哪些变化？是积极的还是消极的？

年　　　　月　　　　日

探索你的自我

面对变化

人生中唯一不变的就是变化。有时候，面对变化的态度是可以选择的。你会拥抱变化还是尽量避免变化？为什么？你应对变化的能力怎么样？

年　　　月　　　日

消耗你能量的人

回想一下，你上一次能量被耗尽是什么时候？你当时做了什么，和谁待在一起？那时你需要什么？

年　　　月　　　日

探索你的自我

自我批评

什么时候你对自己最为苛刻？为什么会
这样？

当你变得吹毛求疵时，你有什么感觉？

你觉得在哪些方面你可以对自己多一些宽
容，多一些理解？

年　　　月　　　日

忍受

你在忍受哪些你不喜欢的事？
想想你曾经有过的自我破坏行为，问问自
己：为什么要一再重复那些消极的想法和 /
或行为？

年　　　月　　　日

探索你的自我

愤怒的触发因素

什么会使你愤怒？

为什么它们会让你愤怒？

你如何处理自己的愤怒？

探索你的债本

年　　　月　　　日

生气

现在最令你生气的事是什么？为什么？

_____

_____

_____

_____

年　　月　　日

自我对话

当你对自己生气时，你会如何进行自我对话？这和你对别人生气时的自言自语有什么不同吗？

年　　　月　　　日

愤怒的颜色

如果愤怒有颜色，你的愤怒是什么颜色的？为什么？

年　　　月　　　日

探索你的俊谷

缓解愤怒

当……的时候，我能感觉到我的怒气消散
了。

年　　　　月　　　　日

探索你的债务

悲伤

如果你的悲伤是一幅油画或素描，那会是
怎样的画面？你不必把它画出来，但可以
描述它的用色、构图……

年　　　月　　　日

消极想法

此刻你有哪些消极想法？
对于每一个消极想法，你能用哪五个积极
想法来抚平它们？

年　　　月　　　日

悲伤时的自我对话

在你感到悲伤的时候，你是如何进行自我
对话的？你能对自己表现出同理心吗？你
会感到沮丧吗？会生气吗？

年　　　月　　　日

探索你的悲伤

百感交集

除了悲伤，你还有其他情绪吗？这些情绪
与悲伤交织是一种怎样的感受？

年　　　月　　　日

执念

伤你至深，你却紧抓不放的是什么？

_____

_____

_____

_____

年　　　月　　　日

探索你的悲伤

情书

给自己写一封情书，写下所有你想听到的
美好的抚慰人心的话。

年　　　月　　　日

幸福

什么能让你感到无比幸福？为了达到这种
状态，你现在能做些什么？

年　　月　　日

少年英雄

谁是你年少时的偶像？

年　　　月　　　日

昔日友情

成长过程中，谁是你最要好的朋友？

_____

_____

_____

_____

年　　　月　　　日

老师

你最喜欢的老师是谁？为什么？

_____

_____

_____

年　　　月　　　日

内在青少年

如果现在能回到你十几岁的时候，你最希
望别人告诉你什么？

_____

_____

_____

年　　　月　　　日

重大事件

在你青少年时期发生过哪些重大事件？
它们如何塑造了今天的你？

年　　　月　　　日

欣赏青少年时期的自己

你最欣赏青少年时期的自己的哪一点？

_____

_____

_____

_____

年　　　月　　　日

最重要的一课

你在青少年时期学到的最重要的一课是什么？

年　　月　　日

内在的青少年

青少年时期，你在哪些方面觉得没有安全
感，得不到支持？

你当时是如何处理你的感受的？

年　　　月　　　日

和父母的关系

在青少年时期，你和父母或其他照顾者的
关系怎么样？

年　　　月　　　日

探索你的内在青少年

成年人的内在青少年

作为一个成年人，你的内在青少年是如何
表现出来的？

年　　　月　　　日

焦虑

哪些事让你感到焦虑？为什么它们会让你焦虑？

你是如何应对焦虑的？

探索你的焦虑

年　　　月　　　日

评判

你根据什么来评判别人？当你做同样事情的时候，你会用同样的标准评判自己吗？你根据什么来评判自己？

年　　　月　　　日

嫉妒

你都嫉妒哪些人？你的嫉妒背后隐藏着哪些欲望？

你经常会有嫉妒的感觉吗？大概多久会有一次？

年　　　月　　　日

探索你的旗帜

嫉妒的感觉

写下你最近一次嫉妒别人的经历，你能具体描述一下那种感觉吗？

_____

_____

_____

年　　　月　　　日

处理你的嫉妒

你如何处理你的嫉妒？

_____

_____

_____

_____

探索你的旅程

　年　　　月　　　日

嫉妒的理由

你认为什么情况下嫉妒是合理的，什么情况下嫉妒是不合理的？

探索你的旅程

年　　　月　　　日

自我认知

当你意识到自己有嫉妒心时，你如何看待
这样的自己？

年　　　月　　　日

探索你的旅程

自豪

回顾一下你过去在生活中的方方面面取得的成就，包括个人方面、健康方面、学术方面、精神方面、社交方面等等。

在所有这些成就中，最令你感到自豪的是什么？为什么它能让你自豪？这对你起到了什么激励作用？

年　　　月　　　日

鼓舞

想想那些令你感到幸福和鼓舞的时刻，那时
你在哪里？在做什么？是和别人在一起吗？
请把那些鼓舞你、激励你的事情写下来。

探索你的力量

年　　　月　　　日

梦想中的生活

设想一下你梦想中的生活。如果你从明天开始将过上梦想中的生活，你每天会有怎样的经历和体验？

为何现在你无法过上这种梦想中的生活，是什么阻碍了你？

探索你的力量

年　　　月　　　日

最大的梦想

你人生中最大的梦想是什么？如果你最大的梦想实现了，你会做些什么？你会有什么感觉？

年　　　月　　　日

探索你的力量

自由

自由对你来说意味着什么？

你什么时候会觉得自由？

是什么阻碍了你获得自由？

年　　　月　　　日

展望生活

你希望你的生活是什么样的？

你希望自己每天有什么样的感觉？

年　　　月　　　日

关键时刻

回顾一下你到目前为止的人生经历，其中有哪些关键时刻和转折点？你从中学到了什么？

年　　　月　　　日

创造不同

是什么让你感觉自己与众不同？

_____

_____

_____

_____

探索你的力量

年　　　月　　　日

称赞

人们总是称赞你什么？

_____

_____

_____

_____

年　　　月　　　日

习惯

你坚持最久的习惯是什么？

年　　　　月　　　　日

探索你的力量

最幸福的一天

请描述一下你最幸福的一天。

_____

_____

_____

_____

年　　月　　日

4

找到根源

当你要面对自己的阴影时，请翻到这一章，及时处理你的阴影。

无意识的阴影行为包括：

• 莫名其妙地感到愤怒、烦躁或焦虑

• 将你的问题归咎于外部因素，总是扮演受害者的角色

• 持续抱有消极想法，懒于行动

• 缺乏动力，怀疑自己的能力

• 嫉妒他人，对他人有负面看法

• 有内疚感、羞耻感

找到你的阴影的根源（示例）

找一个昏暗、安静的地方坐下来，直面你的阴影。

是什么触发了你的阴影？ <u>我的工作和明天的演讲</u>

你有什么想法？ <u>我想辞职，这份工作让我的生活一</u>
<u>团糟。我不想去演讲，因为我还没准备好。</u>

你现在体验到什么情绪？ <u>焦虑，恐惧。</u>

闭上眼睛，倾听你内心的声音。

此时你想到哪三个词？

把它们写下来，它们都蕴含着某种意义。

受困	紧张	沉重

当你专注于这三个词时，你脑海中会浮现出什么记忆或画面？

与你的内在小孩对话。

<u>我想到一只笼子里的鸟，能看到外面是自由的，但不敢</u>
<u>飞出去。我很紧张，焦虑，没有自信。</u>
<u>如果我离开后走不了多远怎么办？</u>
<u>我感到很沉重，好像被什么重物压着。</u>
<u>上学时就有这种感觉，我听讲时总会走神看向窗外。</u>

拟定自我宣言，积极地接纳并爱你的内在小孩。

然后放下一切。

找到你的阴影的根源（练习）

找一个昏暗、安静的地方坐下来，直面你的阴影。

是什么触发了你的阴影？_____

_____

你有什么想法？_____

_____

你现在体验到什么情绪？_____

闭上眼睛，倾听你内心的声音。

此时你想到哪三个词？

把它们写下来，它们都蕴含着某种意义。

当你专注于这三个词时，你脑海中会浮现出什么记忆或画面？

与你的内在小孩对话。

_____

_____

_____

_____

_____

拟定自我宣言，积极地接纳并爱你的内在小孩。

然后放下一切。

找到你的阴影的根源（练习）

找一个昏暗、安静的地方坐下来，直面你的阴影。

是什么触发了你的阴影？_____

_____

你有什么想法？_____

_____

你现在体验到什么情绪？_____

闭上眼睛，倾听你内心的声音。

此时你想到哪三个词？

把它们写下来，它们都蕴含着某种意义。

当你专注于这三个词时，你脑海中会浮现出什么记忆或画面？

与你的内在小孩对话。

_____

_____

_____

_____

_____

拟定自我宣言，积极地接纳并爱你的内在小孩。

然后放下一切。

找到你的阴影的根源（练习）

找一个昏暗、安静的地方坐下来，直面你的阴影。

是什么触发了你的阴影？_____

_____

你有什么想法？_____

_____

你现在体验到什么情绪？_____

闭上眼睛，倾听你内心的声音。

此时你想到哪三个词？

把它们写下来，它们都蕴含着某种意义。

当你专注于这三个词时，你脑海中会浮现出什么记忆或画面？

与你的内在小孩对话。

_____

_____

_____

_____

_____

拟定自我宣言，积极地接纳并爱你的内在小孩。

然后放下一切。

找到你的阴影的根源（练习）

找一个昏暗、安静的地方坐下来，直面你的阴影。

是什么触发了你的阴影？_____

_____

你有什么想法？_____

_____

你现在体验到什么情绪？_____

闭上眼睛，倾听你内心的声音。

此时你想到哪三个词？

把它们写下来，它们都蕴含着某种意义。

当你专注于这三个词时，你脑海中会浮现出什么记忆或画面？

与你的内在小孩对话。

_____

_____

_____

_____

_____

拟定自我宣言，积极地接纳并爱你的内在小孩。

然后放下一切。

找到你的阴影的根源 (练习)

找一个昏暗、安静的地方坐下来，直面你的阴影。

是什么触发了你的阴影?＿＿＿＿＿＿＿＿＿＿＿＿＿

＿＿＿＿＿＿＿＿＿＿＿＿＿＿＿＿＿＿＿＿＿＿＿＿＿＿

你有什么想法?＿＿＿＿＿＿＿＿＿＿＿＿＿＿＿＿＿＿＿＿

＿＿＿＿＿＿＿＿＿＿＿＿＿＿＿＿＿＿＿＿＿＿＿＿＿＿

你现在体验到什么情绪?＿＿＿＿＿＿＿＿＿＿＿＿＿＿＿

闭上眼睛，倾听你内心的声音。

此时你想到哪三个词?

把它们写下来，它们都蕴含着某种意义。

当你专注于这三个词时，你脑海中会浮现出什么记忆或画面?

与你的内在小孩对话。

＿＿＿＿＿＿＿＿＿＿＿＿＿＿＿＿＿＿＿＿＿＿＿＿＿＿

＿＿＿＿＿＿＿＿＿＿＿＿＿＿＿＿＿＿＿＿＿＿＿＿＿＿

＿＿＿＿＿＿＿＿＿＿＿＿＿＿＿＿＿＿＿＿＿＿＿＿＿＿

＿＿＿＿＿＿＿＿＿＿＿＿＿＿＿＿＿＿＿＿＿＿＿＿＿＿

＿＿＿＿＿＿＿＿＿＿＿＿＿＿＿＿＿＿＿＿＿＿＿＿＿＿

拟定自我宣言，积极地接纳并爱你的内在小孩。

然后放下一切。

找到你的阴影的根源（练习）

找一个昏暗、安静的地方坐下来，直面你的阴影。

是什么触发了你的阴影？_____

_____

你有什么想法？_____

_____

你现在体验到什么情绪？_____

闭上眼睛，倾听你内心的声音。

此时你想到哪三个词？

把它们写下来，它们都蕴含着某种意义。

当你专注于这三个词时，你脑海中会浮现出什么记忆或画面？

与你的内在小孩对话。

_____

_____

_____

_____

_____

拟定自我宣言，积极地接纳并爱你的内在小孩。

然后放下一切。

找到你的阴影的根源（练习）

找一个昏暗、安静的地方坐下来，直面你的阴影。

是什么触发了你的阴影？＿＿＿＿＿＿＿＿＿＿＿＿＿＿＿＿＿＿＿＿＿＿＿＿

＿＿＿＿＿＿＿＿＿＿＿＿＿＿＿＿＿＿＿＿＿＿＿＿＿＿＿＿＿＿＿＿＿＿＿＿＿

你有什么想法？＿＿＿＿＿＿＿＿＿＿＿＿＿＿＿＿＿＿＿＿＿＿＿＿＿＿＿＿＿＿

＿＿＿＿＿＿＿＿＿＿＿＿＿＿＿＿＿＿＿＿＿＿＿＿＿＿＿＿＿＿＿＿＿＿＿＿＿

你现在体验到什么情绪？＿＿＿＿＿＿＿＿＿＿＿＿＿＿＿＿＿＿＿＿＿＿＿＿＿＿

闭上眼睛，倾听你内心的声音。

此时你想到哪三个词？

把它们写下来，它们都蕴含着某种意义。

当你专注于这三个词时，你脑海中会浮现出什么记忆或画面？

与你的内在小孩对话。

＿＿＿＿＿＿＿＿＿＿＿＿＿＿＿＿＿＿＿＿＿＿＿＿＿＿＿＿＿＿＿＿＿＿＿＿＿

＿＿＿＿＿＿＿＿＿＿＿＿＿＿＿＿＿＿＿＿＿＿＿＿＿＿＿＿＿＿＿＿＿＿＿＿＿

＿＿＿＿＿＿＿＿＿＿＿＿＿＿＿＿＿＿＿＿＿＿＿＿＿＿＿＿＿＿＿＿＿＿＿＿＿

＿＿＿＿＿＿＿＿＿＿＿＿＿＿＿＿＿＿＿＿＿＿＿＿＿＿＿＿＿＿＿＿＿＿＿＿＿

＿＿＿＿＿＿＿＿＿＿＿＿＿＿＿＿＿＿＿＿＿＿＿＿＿＿＿＿＿＿＿＿＿＿＿＿＿

拟定自我宣言，积极地接纳并爱你的内在小孩。

然后放下一切。

找到你的阴影的根源（练习）

找一个昏暗、安静的地方坐下来，直面你的阴影。

是什么触发了你的阴影？_____

_____

你有什么想法？_____

_____

你现在体验到什么情绪？_____

闭上眼睛，倾听你内心的声音。

此时你想到哪三个词？

把它们写下来，它们都蕴含着某种意义。

当你专注于这三个词时，你脑海中会浮现出什么记忆或画面？

与你的内在小孩对话。

_____

_____

_____

_____

_____

拟定自我宣言，积极地接纳并爱你的内在小孩。

然后放下一切。

找到你的阴影的根源（练习）

找一个昏暗、安静的地方坐下来，直面你的阴影。

是什么触发了你的阴影？_____

_____

你有什么想法？_____

_____

你现在体验到什么情绪？_____

闭上眼睛，倾听你内心的声音。

此时你想到哪三个词？

把它们写下来，它们都蕴含着某种意义。

当你专注于这三个词时，你脑海中会浮现出什么记忆或画面？

与你的内在小孩对话。

_____

_____

_____

_____

_____

拟定自我宣言，积极地接纳并爱你的内在小孩。

然后放下一切。

找到你的阴影的根源（练习）

找一个昏暗、安静的地方坐下来，直面你的阴影。

是什么触发了你的阴影？_____

_____

你有什么想法？_____

_____

你现在体验到什么情绪？_____

闭上眼睛，倾听你内心的声音。

此时你想到哪三个词？

把它们写下来，它们都蕴含着某种意义。

当你专注于这三个词时，你脑海中会浮现出什么记忆或画面？

与你的内在小孩对话。

_____

_____

_____

_____

_____

拟定自我宣言，积极地接纳并爱你的内在小孩。

然后放下一切。

找到你的阴影的根源（练习）

找一个昏暗、安静的地方坐下来，直面你的阴影。

是什么触发了你的阴影？_____

_____

你有什么想法？_____

_____

你现在体验到什么情绪？_____

闭上眼睛，倾听你内心的声音。

此时你想到哪三个词？

把它们写下来，它们都蕴含着某种意义。

当你专注于这三个词时，你脑海中会浮现出什么记忆或画面？

与你的内在小孩对话。

_____

_____

_____

_____

_____

拟定自我宣言，积极地接纳并爱你的内在小孩。

然后放下一切。

找到你的阴影的根源（练习）

找一个昏暗、安静的地方坐下来，直面你的阴影。

是什么触发了你的阴影？＿＿＿＿＿＿＿＿＿＿＿＿＿＿＿＿＿＿＿＿＿

＿＿＿＿＿＿＿＿＿＿＿＿＿＿＿＿＿＿＿＿＿＿＿＿＿＿＿＿＿＿＿＿＿

你有什么想法？＿＿＿＿＿＿＿＿＿＿＿＿＿＿＿＿＿＿＿＿＿＿＿＿＿＿＿

＿＿＿＿＿＿＿＿＿＿＿＿＿＿＿＿＿＿＿＿＿＿＿＿＿＿＿＿＿＿＿＿＿

你现在体验到什么情绪？＿＿＿＿＿＿＿＿＿＿＿＿＿＿＿＿＿＿＿＿＿＿＿

闭上眼睛，倾听你内心的声音。

此时你想到哪三个词？

把它们写下来，它们都蕴含着某种意义。

当你专注于这三个词时，你脑海中会浮现出什么记忆或画面？

与你的内在小孩对话。

＿＿＿＿＿＿＿＿＿＿＿＿＿＿＿＿＿＿＿＿＿＿＿＿＿＿＿＿＿＿＿＿＿

＿＿＿＿＿＿＿＿＿＿＿＿＿＿＿＿＿＿＿＿＿＿＿＿＿＿＿＿＿＿＿＿＿

＿＿＿＿＿＿＿＿＿＿＿＿＿＿＿＿＿＿＿＿＿＿＿＿＿＿＿＿＿＿＿＿＿

＿＿＿＿＿＿＿＿＿＿＿＿＿＿＿＿＿＿＿＿＿＿＿＿＿＿＿＿＿＿＿＿＿

＿＿＿＿＿＿＿＿＿＿＿＿＿＿＿＿＿＿＿＿＿＿＿＿＿＿＿＿＿＿＿＿＿

拟定自我宣言，积极地接纳并爱你的内在小孩。

然后放下一切。

找到你的阴影的根源（练习）

找一个昏暗、安静的地方坐下来，直面你的阴影。

是什么触发了你的阴影？＿＿＿＿＿＿＿＿＿＿＿＿＿＿＿＿＿＿＿＿＿

＿＿＿＿＿＿＿＿＿＿＿＿＿＿＿＿＿＿＿＿＿＿＿＿＿＿＿＿＿＿＿＿＿

你有什么想法？＿＿＿＿＿＿＿＿＿＿＿＿＿＿＿＿＿＿＿＿＿＿＿＿＿＿

＿＿＿＿＿＿＿＿＿＿＿＿＿＿＿＿＿＿＿＿＿＿＿＿＿＿＿＿＿＿＿＿＿

你现在体验到什么情绪？＿＿＿＿＿＿＿＿＿＿＿＿＿＿＿＿＿＿＿＿＿＿

闭上眼睛，倾听你内心的声音。

此时你想到哪三个词？

把它们写下来，它们都蕴含着某种意义。

当你专注于这三个词时，你脑海中会浮现出什么记忆或画面？

与你的内在小孩对话。

＿＿＿＿＿＿＿＿＿＿＿＿＿＿＿＿＿＿＿＿＿＿＿＿＿＿＿＿＿＿＿＿＿

＿＿＿＿＿＿＿＿＿＿＿＿＿＿＿＿＿＿＿＿＿＿＿＿＿＿＿＿＿＿＿＿＿

＿＿＿＿＿＿＿＿＿＿＿＿＿＿＿＿＿＿＿＿＿＿＿＿＿＿＿＿＿＿＿＿＿

＿＿＿＿＿＿＿＿＿＿＿＿＿＿＿＿＿＿＿＿＿＿＿＿＿＿＿＿＿＿＿＿＿

＿＿＿＿＿＿＿＿＿＿＿＿＿＿＿＿＿＿＿＿＿＿＿＿＿＿＿＿＿＿＿＿＿

拟定自我宣言，积极地接纳并爱你的内在小孩。

然后放下一切。

找到你的阴影的根源（练习）

找一个昏暗、安静的地方坐下来，直面你的阴影。

是什么触发了你的阴影？_____

_____

你有什么想法？_____

_____

你现在体验到什么情绪？_____

闭上眼睛，倾听你内心的声音。

此时你想到哪三个词？

把它们写下来，它们都蕴含着某种意义。

当你专注于这三个词时，你脑海中会浮现出什么记忆或画面？

与你的内在小孩对话。

_____

_____

_____

_____

_____

拟定自我宣言，积极地接纳并爱你的内在小孩。

然后放下一切。

找到你的阴影的根源（练习）

找一个昏暗、安静的地方坐下来，直面你的阴影。

是什么触发了你的阴影？_____

_____

你有什么想法？_____

_____

你现在体验到什么情绪？_____

闭上眼睛，倾听你内心的声音。

此时你想到哪三个词？

把它们写下来，它们都蕴含着某种意义。

当你专注于这三个词时，你脑海中会浮现出什么记忆或画面？

与你的内在小孩对话。

_____

_____

_____

_____

_____

拟定自我宣言，积极地接纳并爱你的内在小孩。

然后放下一切。

找到你的阴影的根源（练习）

找一个昏暗、安静的地方坐下来，直面你的阴影。

是什么触发了你的阴影？_____

_____

你有什么想法？_____

_____

你现在体验到什么情绪？_____

闭上眼睛，倾听你内心的声音。

此时你想到哪三个词？

把它们写下来，它们都蕴含着某种意义。

当你专注于这三个词时，你脑海中会浮现出什么记忆或画面？

与你的内在小孩对话。

_____

_____

_____

_____

_____

拟定自我宣言，积极地接纳并爱你的内在小孩。

然后放下一切。

找到你的阴影的根源（练习）

找一个昏暗、安静的地方坐下来，直面你的阴影。

是什么触发了你的阴影？_____

_____

你有什么想法？_____

_____

你现在体验到什么情绪？_____

闭上眼睛，倾听你内心的声音。

此时你想到哪三个词？

把它们写下来，它们都蕴含着某种意义。

当你专注于这三个词时，你脑海中会浮现出什么记忆或画面？

与你的内在小孩对话。

_____

_____

_____

_____

_____

拟定自我宣言，积极地接纳并爱你的内在小孩。

然后放下一切。

找到你的阴影的根源（练习）

找一个昏暗、安静的地方坐下来，直面你的阴影。

是什么触发了你的阴影？＿＿＿＿＿＿＿＿＿＿＿＿＿＿＿＿＿＿

＿＿＿＿＿＿＿＿＿＿＿＿＿＿＿＿＿＿＿＿＿＿＿＿＿＿＿＿＿＿＿

你有什么想法？＿＿＿＿＿＿＿＿＿＿＿＿＿＿＿＿＿＿＿＿＿＿＿＿

＿＿＿＿＿＿＿＿＿＿＿＿＿＿＿＿＿＿＿＿＿＿＿＿＿＿＿＿＿＿＿

你现在体验到什么情绪？＿＿＿＿＿＿＿＿＿＿＿＿＿＿＿＿＿＿＿＿

闭上眼睛，倾听你内心的声音。

此时你想到哪三个词？

把它们写下来，它们都蕴含着某种意义。

当你专注于这三个词时，你脑海中会浮现出什么记忆或画面？

与你的内在小孩对话。

＿＿＿＿＿＿＿＿＿＿＿＿＿＿＿＿＿＿＿＿＿＿＿＿＿＿＿＿＿＿＿＿

＿＿＿＿＿＿＿＿＿＿＿＿＿＿＿＿＿＿＿＿＿＿＿＿＿＿＿＿＿＿＿＿

＿＿＿＿＿＿＿＿＿＿＿＿＿＿＿＿＿＿＿＿＿＿＿＿＿＿＿＿＿＿＿＿

＿＿＿＿＿＿＿＿＿＿＿＿＿＿＿＿＿＿＿＿＿＿＿＿＿＿＿＿＿＿＿＿

＿＿＿＿＿＿＿＿＿＿＿＿＿＿＿＿＿＿＿＿＿＿＿＿＿＿＿＿＿＿＿＿

拟定自我宣言，积极地接纳并爱你的内在小孩。

然后放下一切。

找到你的阴影的根源（练习）

找一个昏暗、安静的地方坐下来，直面你的阴影。

是什么触发了你的阴影？_____

_____

你有什么想法？_____

_____

你现在体验到什么情绪？_____

闭上眼睛，倾听你内心的声音。

此时你想到哪三个词？

把它们写下来，它们都蕴含着某种意义。

当你专注于这三个词时，你脑海中会浮现出什么记忆或画面？

与你的内在小孩对话。

_____

_____

_____

_____

_____

拟定自我宣言，积极地接纳并爱你的内在小孩。

然后放下一切。

找到你的阴影的根源（练习）

找一个昏暗、安静的地方坐下来，直面你的阴影。

是什么触发了你的阴影？_____

_____

你有什么想法？_____

_____

你现在体验到什么情绪？_____

闭上眼睛，倾听你内心的声音。

此时你想到哪三个词？

把它们写下来，它们都蕴含着某种意义。

当你专注于这三个词时，你脑海中会浮现出什么记忆或画面？

与你的内在小孩对话。

_____

_____

_____

_____

_____

拟定自我宣言，积极地接纳并爱你的内在小孩。

然后放下一切。

找到你的阴影的根源（练习）

找一个昏暗、安静的地方坐下来，直面你的阴影。

是什么触发了你的阴影？_____

_____

你有什么想法？_____

_____

你现在体验到什么情绪？_____

闭上眼睛，倾听你内心的声音。

此时你想到哪三个词？

把它们写下来，它们都蕴含着某种意义。

当你专注于这三个词时，你脑海中会浮现出什么记忆或画面？

与你的内在小孩对话。

_____

_____

_____

_____

_____

拟定自我宣言，积极地接纳并爱你的内在小孩。

然后放下一切。

找到你的阴影的根源（练习）

找一个昏暗、安静的地方坐下来，直面你的阴影。

是什么触发了你的阴影？_____

_____

你有什么想法？_____

_____

你现在体验到什么情绪？_____

闭上眼睛，倾听你内心的声音。

此时你想到哪三个词？

把它们写下来，它们都蕴含着某种意义。

当你专注于这三个词时，你脑海中会浮现出什么记忆或画面？

与你的内在小孩对话。

_____

_____

_____

_____

_____

拟定自我宣言，积极地接纳并爱你的内在小孩。

然后放下一切。

找到你的阴影的根源（练习）

找一个昏暗、安静的地方坐下来，直面你的阴影。

是什么触发了你的阴影？_____

_____

你有什么想法？_____

_____

你现在体验到什么情绪？_____

闭上眼睛，倾听你内心的声音。

此时你想到哪三个词？

把它们写下来，它们都蕴含着某种意义。

当你专注于这三个词时，你脑海中会浮现出什么记忆或画面？

与你的内在小孩对话。

_____

_____

_____

_____

拟定自我宣言，积极地接纳并爱你的内在小孩。

然后放下一切。